林群 著

# 微分方程与三角测量

U0390196

A Simple Introduction to

# DIFFERENTIAL EQUATIONS

人 民 邮 电 出 版 社
北 京

**图书在版编目（CIP）数据**

微分方程与三角测量 / 林群著. -- 北京：人民邮
电出版社，2022.6
（图灵新知）
ISBN 978-7-115-58424-3

Ⅰ.①微… Ⅱ.①林… Ⅲ.①微分方程－普及读物②
三角测量－普及读物 Ⅳ.①O175-49②P221-49

中国版本图书馆CIP数据核字(2021)第270614号

## 内 容 提 要

本书使用中学生熟悉的三角测量知识，通过测量树高、山高的实际例子，直观地推导出了微积分的基本定理"牛顿－莱布尼茨公式"，并逐步讲解了微分方程的基本特征，从初等三角学的角度呈现了微分方程的意义。本书行文简洁、图例丰富、启发性强，可作为了解微分方程的科普读物，也适合相关专业的学生阅读和参考。

◆ 著　　　　　 林　群
　 责任编辑　　 武晓宇
　 责任印制　　 彭志环
◆ 人民邮电出版社出版发行　　北京市丰台区成寿寺路11号
　 邮编　100164　电子邮件　315@ptpress.com.cn
　 网址　https://www.ptpress.com.cn
　 北京虎彩文化传播有限公司印刷
◆ 开本：880×1230　1/32
　 印张：3.375　　　　　　2022年6月第1版
　 字数：43千字　　　　　 2024年8月北京第5次印刷

定价：32.80元
读者服务热线：(010)84084456-6009　印装质量热线：(010)81055316
反盗版热线：(010)81055315
广告经营许可证：京东市监广登字20170147号

## 微分方程是什么

在回答"微分方程是什么"这个问题前,先要回答一个更原始的问题:微积分是什么?

首先,微积分包括微分(或导函数 $g = f'$)和积分(作为黎曼和 $g$ 的极限),无须中值公式,无须存在 $g \in C^1$,只需 $g = f' \in$ 连续函数类,便有整体定义的一维模型。

$$\frac{f(x+h) - f(x)}{h} = f'(x) + \varepsilon(h, x),$$
$$|\varepsilon(h, x)| \leqslant \varepsilon(h)$$
$$\varepsilon(h) 与 x 无关。$$

现在要回答:已知函数是谁的导数?

若 $g$ 是 $f$ 的导数($g = f'$),则称 $f$ 是 $g$ 的原函数(那么原函数基本上唯一,仅相差一个常数)或不定积分，记为 $\int g(x)\,\mathrm{d}x$。

若 $g(x) = \cos x$，则原函数 $f(x) = \sin x$，有

$$(\sin x)' = \cos x,$$

我们可称其为微分方程（方程的解不再是数，而是函数）。故微分方程便包括三角函数之间的关系。此内容详见 *Free Calculus*（林群 著，World Scientific，2010）以及《直来直去的微积分》（张景中 著，科学出版社，2010）。

由此容易推广到抽象函数（定义域 $[x, x+h]$ 取值于 Banach 空间），只要把绝对值改为范数即可。但是，如果推广到算子，即由一个函数空间到另一个函数空间，那么有什么共同点可利用呢?

这时，积分不再有面积或体积之类明确的几何意义，但是仍然有原函数的定义以及唯一性。

林群

2022 年 2 月

公众对于数学的认识，多半来自初等的算术、三角之类。如何让公众也能认识高等的微积分或微分方程？又有什么方法能更好地认识它们呢？其实，它们早在初等三角测量中就已经出现过：一个微分方程所做的不过是一系列三角测量的总和。因此，用三角测量便能认识微分方程，即所谓温故知新。这种认识方法曾在 1997 年的《光明日报》和《人民日报》上宣传过，逐渐有同行采纳了这种方法，特此致谢。

林群

2005 年 3 月

# 目录

0
概述

数学的实用目的便是测量。最古老的例证之一是三角测量，还有一个便是微分方程。后者是干什么的？其实它所做的不过是一系列三角测量的总和。因此，认识三角测量，便能认识微分方程，即所谓温故知新。不过，两者的复杂性稍有区别：前者只做一次测量，后者要做一系列测量。

微分方程被牛顿、莱布尼茨两人（图 0.1）创造以来，就被许多科学家所继承使用，甚至每一门学科都对应着一个微分方程。

例如，电磁学对应麦克斯韦方程，量子力学对应薛定谔方程，即使人口理论也对应马尔萨斯方程。

牛顿　　　　　莱布尼茨

图　0.1

2002 年暑期，西方几位专家来华访问和演讲，不约而同的是，他们的讲题要么是电磁波中的微分方程，要么是量子力学中的微分方程。这是为什么？他们回答：无论是手机制造公司，还是纳米研究公司，都要他们解出这些微分方程。

微分方程对大众的生活也有切身的影响，比如手机或纳米，相关研究中都有微分方程的身影。

一些关系国计民生的大事，例如人口的预测，可以由微分方程在几分钟内解决。即使人文科学，例如托尔斯泰的小说《战争与和平》中，对历史观的阐释也体现了微积的思想①。可以说，自然科学、工程技术、社会科学、人文科学，都用得上微积分或微分方程。

中学只讲代数方程和三角函数，那么什么是微分方程呢？虽然大学都讲了，但一般公众对微分方程多是一知半解，觉得它"深不见底"。直到有一天，当我听到关于"如何测量树高"的议论时，才恍然大悟，对微分方程的一种新理解也随之浮出水面。下面

---

① 只有采取无限小的观察单位——历史的微分，并且运用积分的方法（得到这些无限小的总和，或微分的积分），我们才有希望了解历史的规律。

就请读者和我共同体验这个领悟的过程（图 0.2）。

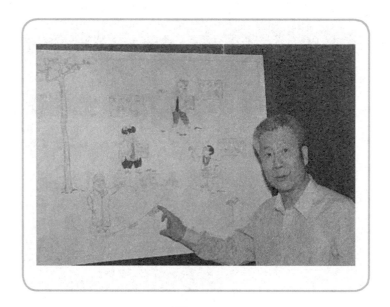

图　0.2

　　牛顿、莱布尼茨或巴罗的微积分早已写在了教科书中，但写的不等于想的，他们怎么想只有他们自己知道，后人只能凭自己的经历谈心得。

　　一天，我在一棵老树下散步，听到了下面的议论。

导游：这棵老树年年都在长高，每年都有测绘人员来测树高。

游客：一棵树怎么测高呀？要砍倒树或爬上去吗？

我想：中学生都知道，如果有了三角学，便无须砍树或爬树，可只凭一个虚拟斜边的斜率来测量树高呀（图 0.3）！

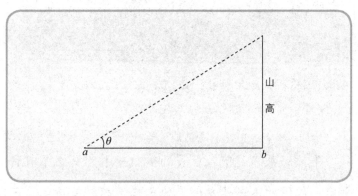

图 0.3

但同时我也顿悟：这也是一个微分方程所要做的事情。

事实上，如果我们面临一座山，它也对应一个

"直角三角形"，不过它有着弯曲的斜边，或者说是山坡（图 0.4）。

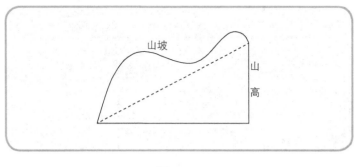

图　0.4

　　我们处在山坡上的一点，因为视野受限，看不见远方。

　　这时，它的斜率不再是固定不变的。如果假设每个点的斜率（这只涉及弯曲山坡在这一点附近的局部性质）都是已知的，那么这里也会出现同样的测量问题：测量山高能不能不必穿山，而只凭这些斜率呢？

　　这属于曲斜边三角学（因为基于曲斜边三角形），

实际上是解一个最简单的微分方程①：已知山坡上
各点的斜率（或斜率曲线），求山高（或高度曲线，
图 0.5 ）。

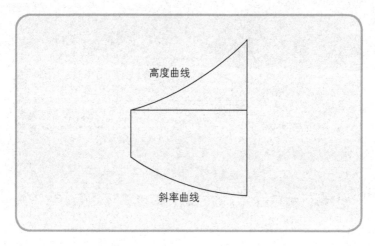

图　0.5

斜率曲线与高度曲线合二图为一图（由于斜率在
三角测量中是最重要的量，将它一一记录下来，便成
为斜率曲线）。

---

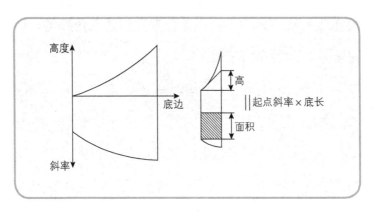

图　0.6

令图 0.6 的左图收缩成一段，在一段曲线上，各点的斜率差不多相同。若将起点斜率作为这一段的斜率，然后用它来测量，给出这一段的高度增量 ≈ 起点斜率 × 底长 ≈ 缩短后斜率曲线所围面积。各段测量的总和便是

总山高 = 斜率曲线所围面积。

这就是牛顿 – 莱布尼茨公式。

所以将微分方程比作曲斜边三角测量，其复杂性

便可跟初等三角测量相比较：**它们都是三角测量，只是测量的次数有所不同。**

这个微分方程虽然简单（有时称之为最简单的微分方程），但极其有用。例如，测量一些曲边形的面积，只要解一个微分方程，花几分钟。否则，如果没有微分方程或牛顿 – 莱布尼茨公式，就需要做无数个算术，怎么也算不完，效率有天壤之别。这就是发明微分方程的必要性。

简言之，树高的测量导致三角学的出现，山高的测量导致一个微分方程的出现。可见，现实（测量）会推动数学由初等进化到高等。

现实中类似的例子很多，例如 2000 年我国的人口普查，发动全民挨家挨户地直接数，花了一年多数出 12.66 亿。用微分方程来计算预测值，一个大学生只花几分钟，算出的是 13.45 亿，相差不多。这就是证明发明微分方程的必要性的实际例子（图 0.7）。

数学就是这样，另辟途径，（例如利用斜率或增长率）获取效率。

人口普查　　　　　用微分方程计算预测值

图　0.7

　　大学生解微分方程（$u'=cu$）计算人口普查的预测值。

现在，我们可以向公众解答微分方程的所作所为，它本由中学三角测量开发出来，但已不限于测量树高，且能测量许多曲边形的面积、算出人口预测值，等等。处理这些问题均无须直接做无数个算术，用微分方程花几分钟就可以算出。所以要想有效率，就要学微积分或微分方程。

本书分为两部分，第一部分为看图识字，第二部分为看图求证。

本书的素材取自参考文献 [9] 和参考文献 [10]。

1

看图识字

## 1.1 由测量树高到三角公式

图 1.1 中如何测出树高呢？要不要把树砍倒或者爬上树测量一番呢？

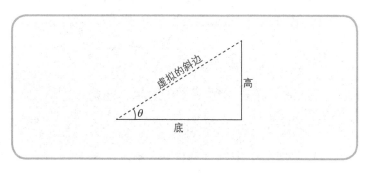

图　1.1

由三角学（或正切公式），求出斜率（$\tan\theta$，即高／底长），然后乘以底长，便得到

$$高 = 斜率 \times 底长 \qquad (1.1)$$

这是一个间接但省事的方法，利用斜率这一数学

概念，避免了砍树或爬树。这足以向公众充分显示数学的作用。

通过斜率也可以测出

$$斜边长=\left[1+(斜率)^2\right]^{\frac{1}{2}}\times底长$$

这里用到了勾股定理。

这里也可以看到精神（或概念，如斜率，或更一般地，以下各节涉及的微分学和积分学）会在现实（如测量或爬山）中出现。

## 1.2　由测量山高到曲斜边正切公式

为了引入微分方程，问题要从求树高（图 1.1）转到求山高（图 1.2）。

图 1.2 中，你看到的那个具有曲斜边的直角三角

形代表了一座山，简称曲斜边三角形。那么，如何测量这座山的高呢？还能不能利用上一节初等三角学的经验，利用斜率概念和正切公式呢？

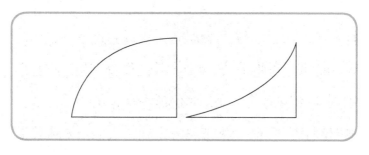

图　1.2

　　左图比右图更具有代表性，但为了方便，下面以右图为例说明。图中这座山也可以看成一个直角三角形但有曲的斜边。这时，研究高和斜率（不断变化）之间的关系，也叫作曲斜边三角学。可是你能想到吗？曲斜边三角学这么一粒"小种子"，会长出微分方程这一棵"大树"。

　　上述两个问题，直边的或曲边的，都是测高。但是，第一个问题（树高）遇到的是一个斜边为直线的直角三角形（只有一个斜率，图1.1），而第二个问题（山高）遇到的则是斜边为曲线的直角三角形（有不同的斜率，图1.2）。令人惊叹的是，后一个问题竟然打开了一门新的数学（周光召 [1] 说：提出问题标志科学的真正进步），这门数学就是微分方程。它是自牛顿－莱布尼茨以来，人们努力用来描述一切科学的模型。在牛顿－莱布尼茨之前，人们只知道代数方程和三角函数，有谁用过微分方程呢？开始最重要（即使是最简单的微分方程），所以，牛顿－莱布尼茨太了不起了，可以说后来所有的科学家都是遵循牛顿－莱布尼茨踏出的道路往前走的。

现在，我们将一个微分方程看作由初等三角学推广到曲斜边的情形，它同样是探讨高和斜率的关系，亦即曲斜边的正切公式：给定各点斜率求高度。

## 1.3  曲斜边是否会有正切公式

让我们重复上一节的问题。现实世界中的事物，一般来说往往不是直的而是曲的。我们可以将一座山坡为曲的山，表示为一个斜边为曲的直角三角形。根据三角测量，我们必然面临一种推广：能不能不必穿山，只凭斜率这个数学量测出山高（例如在某处）呢？（图 1.3）现在，我们要先考虑一个问题：在山坡为曲的情形下，斜率是什么？

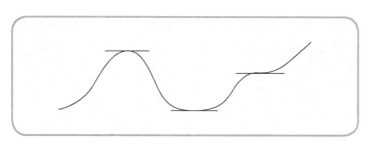

图　1.3

爬山时会感觉到山坡或陡，或平，或升，或降，或有山顶，或有山谷。将这些感觉变成数字（或定量化），就是斜率。后者用于描述山坡的形状，如升降、顶谷、凹凸、曲率、光滑性等。这就是微分学，它实际见于爬山之中。

　　在曲山坡（曲线）的一点上，找一条直线跟该点附近的曲山坡（曲线弧）靠得最近，那么就以这条直线的斜率作为曲山坡在该点的斜率（图1.4）。这条直线就是曲山坡在这一点的切线（更直接地说，曲山坡在该点附近被换成这一点的切线）①。

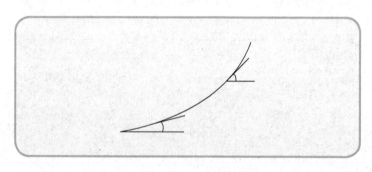

图　1.4

　　曲与直的不同之处在于，前者的斜率处处在变，后者则固定不变。

① 切线的精确定义见2.2节。

因此，在曲山坡上，不同的点可以有不同的斜率，见图 1.4，这跟笔直的山坡不同，因为那里的斜率是固定不变的。

如果我们随意选取曲山坡上一点的斜率，以此来测量山高，那么可能产生大的误差（图 1.5）。

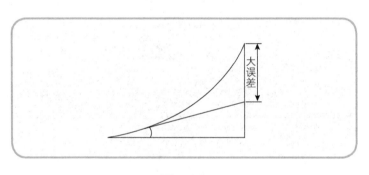

图　1.5

如果我们还要用曲山坡的斜率来测量山高，那么应该选取哪一点的斜率呢？既然预先假设有一座山，它有起点和终点，连接起点和终点有一条割线，将它平行移动，直至与曲山坡相切为止，那么这条切线的斜率，按定义就是曲山坡在这一点的斜率（图 1.6），用它代入正切公式后，便测量出

$$\begin{aligned}
\text{高} &= \text{割线斜率} \times \text{底长} \\
&= c\text{处切线斜率} \times \text{底长}
\end{aligned} \tag{1.2}$$

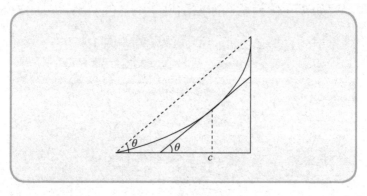

图　1.6

　　曲斜边三角形和虚拟的直斜边三角形具有相同的斜率（$\tan \theta$）、高和底长。

　　公式（1.2）也叫作中值公式，属于微分学，它回答了这一斜率的存在性，但又抓不住这个斜率。这就好像警察知道必有嫌犯，但又抓不着。所以，不能将求山高寄托在一个斜率上。

　　如何破解这个"案件"呢？牛顿－莱布尼茨公

式，或积分学，应运而生，它利用了处处存在的斜率。换句话说，采用地毯式轰炸，而不是去抓一个斜率。这就是下面一节描述的微元法。

在这里，我们需要讲一点"点金术"或"发明术"（图 1.7）。

图　1.7

华罗庚讲过点金术（或发明术）的故事。有位神仙来到人间，用手指为百姓点金砖。多数人拿到一块就走，有的人拿到二块或三块才肯走。最后一个人，等到第九块还不走。神仙问他怎么这么贪，他说金砖一块也不要，只想要看神仙的手指头是怎么点金的。与之类似的更简短的话，曾出现在萧荫堂的演讲中：与其给人鱼吃，不如教人钓鱼。

## 1.4　微元法：构造曲斜边的正切公式

解题过程，或称为发明术的四部曲，如下。

第一步：化整为零。

令整体缩短成一段，或从整体取出一段。然后就在这一段中求高度增量（图 1.8）。

第二步：各个击破。

第一步好像什么也没有得到：曲的还是曲的。然而，在充分小的一段曲山坡上，各点的斜率差不多相同。于是，可以在这一段曲山坡上任取一点（例如起点），以这一点的斜率作为这一段曲山坡的斜率（图 1.9）。

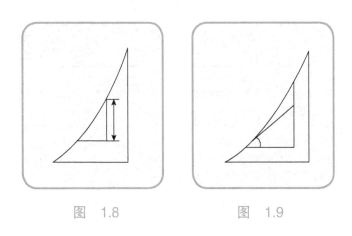

图　1.8　　　　　　　图　1.9

然后用这一斜率来测量这一段曲山坡的增量，虽然这样所得到的量只是这一段曲山坡中切线的高（又叫作微分），而不是这一段曲山坡的真增量，但其中的误差应该很小（图 1.10）。

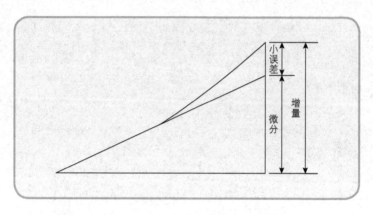

图　1.10

　　增量≈微分三角形的高

　　　　＝斜率 × 底长　　　（用正切公式）

　　　　＝微分　　　　　　　（记为）

　　所以微分跟斜率也差不多（在微分学中，斜率比长度重要）。


　　上述过程有些拗口，更短的表达见图 1.9。将曲斜边三角形缩短，并代以一个直边三角形，它相切于曲斜边三角形，称为微分三角形。后者的高是可测的（借助于起点的斜率），称为微分，这个可测的微分与曲斜边三角形的增量（不可测）之间有一个误差，而且分得越细，误差就越小。

　　这第二步是解题的关键或核心，也是最有创造性的部分，这里将一段曲斜边换成起点的一条切线，而不是割线，因为根据前面约定，我们只知道切线。如果换成割线，则要用到微分学的中值公式，无法确定斜率所在之处，所以这样会增加麻烦。

　　下面的几步就比较自然了。

　　第三步：由零到整。

　　各段微分的总和便是总山高（图 1.11）。

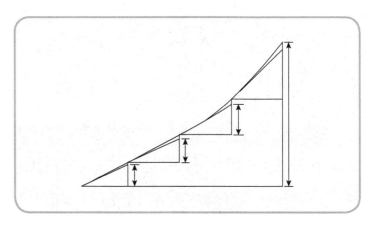

图　1.11

总高≈微分之和。

但是这样求得的总高是有误差的，这个误差是由各段微分的小误差之和组成的。我们当然期望这个总高会接近于真实的山高（分得越细，两者就越接近）。但这是一个大胆和冒险的愿望，因为由小误差积累起来的总误差，不见得还是很小，除非这些小误差是如此之小，以至于它们加起来之后，总误差还是很小。对此我们放心不下，需要有一个精确的证明（见2.2节）。中学程度的读者暂时只要知道这一点即可：即由微分引起的小误差的确特别小，例如只有一亿分之一，它们即使累加一万次，总误差还是万分之一，仍然足够小。

第四步：取极限。

现在我们有可能采用微元法来消除误差：整体的曲斜边三角形被分割成无穷小的微分三角形（所以用到了所有的斜率），即所谓微元。结果，第三步中的近似等式变成了等式：

> 总高 = 无穷小微分之积分 。

这里，积分表示无穷的积累。谁想得到，这么简单的几步推理，已经爬上了微积分的顶点——牛顿 - 莱布尼茨公式 [ 下一节公式（2.1）]。由于它的组成单位——微分，是一个初等三角测量（正切公式），因此这个公式也就解读为曲斜边的三角测量（正切公式）。从形式上说，

> 牛顿-莱布尼茨公式 = 正切公式之积分 。

所以，牛顿 - 莱布尼茨公式和正切公式之间的对应关系可如下描述。我们将正切公式一节一节地堆起来，堆成一个牛顿 - 莱布尼茨公式；反之，若将牛顿 - 莱布尼茨公式一节一节地剪开，便认出每一节正是正切公式（图 1.11）。一堆一剪，原形毕露：牛顿 - 莱布尼茨公式的底线就是一个正切

公式。

上述四部曲如同一幕电影。前几张图（图 1.8、图 1.9、图 1.11）反映了求解一个微分方程的三个动作，第四步取极限便最终完成了一幕电影，即牛顿 – 莱布尼茨公式。但是所有图形被还原到最简单的图形，即微分三角形，它可以作为一粒种子或一个细胞，或一幅速写。正是这一张简图抓住了牛顿 – 莱布尼茨公式的基本特征、基本功能和基本的复杂性。这是还原论的观点，一切还原到原始状态，是可靠的学习方法：利用局部的、初等的和可见的知识，可以建造整体的、高等的和抽象的数学大厦。

不过，还原论也受到了质疑。物理学家格罗斯[15]就问道：是否应该怀疑这个物理学的根本逻辑？是否应该保持开放的态度？

现将本节内容总结如下：一段曲斜边被换成了起点的切线，所以前者的斜率和高度（还有弧长，参见 2.7 节），也就按后者来确定。

以上几节属于"看图识字"，但也足以抓住一个微分方程（与其伤其十指，不如断其一指）和牛顿 – 莱布尼茨公式的内容和发明过程，一般公众到此可以告一段落。下一章则是看图求证（定量化）。

## 1.5　欧拉折线方法

在牛顿 – 莱布尼茨公式取极限之前，上一节中的第三步，已经有了欧拉算法的思想。

但还可以进一步用一条连续的折线来追踪连续的曲线在每一节点的斜率。事实上，上一节（第三步，图 1.11）中间断的折线可以通过平移换成连续的折线，见图 1.12。

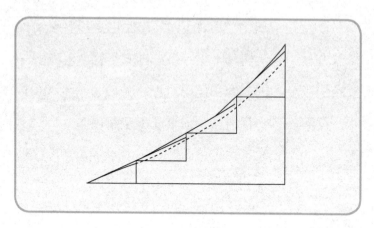

图　1.12

　　这两种算法，连续的和间断的，得到的总高相同。这就是欧拉算法的来源。所以，欧拉算法和牛顿－莱布尼茨公式同出于一张图，它们都是基于一小段中的切线的高。近似算法和精确公式是统一的：

欧拉算法≈牛顿－莱布尼茨公式。

　　但是，后者仅适用于一个最简单的微分方程（但也包括可以化成这个形式的一类微分方程，例如"恰当方程"，见布朗的书[11]），前者则适用于更多的微分方程（参见 2.8 节）。

斯特朗[6]说得更明确：近代数学是精确公式和近似算法的联合，两者不可偏废。

2

看图求证

微积分已经完全几何化了，不仅其描述，也包括其证明——对着图形找证明。

## 2.1 直观图形的代数表达

图形是直观的，而代数是精确的。在直观的观察之后，我们需要代数。换句话说，直观的图形必须表达成代数。

如果曲山坡表达成函数 $u(t)$[ 定义在区间 $[a,x]$ 上，并有子区间 $(t,\ t+\Delta t)$，$\Delta t$ 为其长度 ]，那么它的斜率便表达为导数 $u'(t)$（其定义见下一节），且子区间起点的切线高度表达为 $u'(t)\,\Delta t$，这又称为微分（图 2.1）。

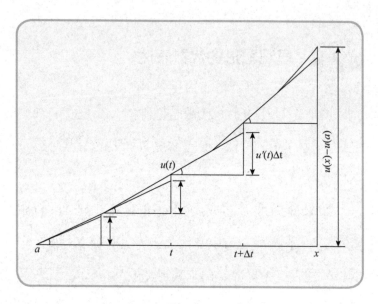

图　2.1

图形的代数表述。

总高差不多是微分之和：

$$u(x)-u(a) \approx \sum_{a\leqslant t < x} u'(t)\Delta t \text{ 。}$$

取极限后，下节可以证明上述"近似相等"变成了"相等"：

$$u(x) - u(a) = \int_a^x u'(t)\,\mathrm{d}t \; 。 \qquad (2.1)$$

也就是说，总高 $u(x) - u(a)$ 是微分 $u'(t)\mathrm{d}t$ 的积分，$\int_a^x u'(t)\mathrm{d}t$，这里我们将 $\Delta t$ 换成 $\mathrm{d}t$。有时，也记微分 $u'(t)\mathrm{d}t = \mathrm{d}u(t)$（图 2.2）。或者可以说，总变化是微小变化（微分）的积分，积分是微分的逆运算。

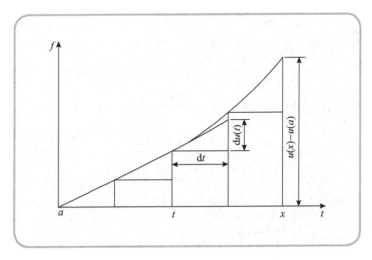

图 2.2

公式（2.1）就是牛顿 – 莱布尼茨公式，它包含了微分、积分及其关系的全部复杂性。一个公式包含一门课程，这门课程就叫作微积分，这是一个奇迹[①]。现在我们认出了公式（2.1）的组成单位，微分 $\mathrm{d}u(t) = u'(t)\mathrm{d}t$，不过是初等正切公式，它们的积分便构成曲斜边的正切公式。或者说，大学公式被解读为中学公式的积分。

欧拉算法（图 1.12）表达为

$$\begin{cases} u_1 = u_0 + u'(t_0)\Delta t \\ u_{n+1} = u_n + u'(t_n)\Delta t \end{cases} \tag{2.2}$$

其中 $a = t_0 < t_1 < \cdots < t_n < t_{n+1} = x$，$\Delta t = t_{i+1} - t_i$，$u_0 = u(a)$，$u_{n+1} \approx u(x)$，$\Delta t = t_{i+1} - t_i$，或者可以说，

---

$$u_{n+1} = u(a) + \sum_{0 \leqslant i < n+1} f(t_i)\Delta t \text{ 。}$$

这是牛顿 – 莱布尼茨公式（2.1）在有限情形下的"相似物"。

因此这两个公式，即公式（2.1）和公式（2.2），是统一的。

中值公式（1.2）可表达为

$$u(x) - u(a) = u'(\xi)(x-a) \text{ , } \quad a \leqslant \xi \leqslant x \quad （2.3）$$

但是，这里 $\xi$ 的存在性是基于直观观察的，我们不去证明它，因为它只是一种存在性的东西，并非构造性的。

## 2.2 精确的代数证明

　　关注图 1.9 的一段。在这一段中存在一个小误差。问题是：是否这个局部误差是如此之小，以至于其和——总误差，仍然很小？对此，我们放心不下。这需要一个精确（代数）的证明，如下。

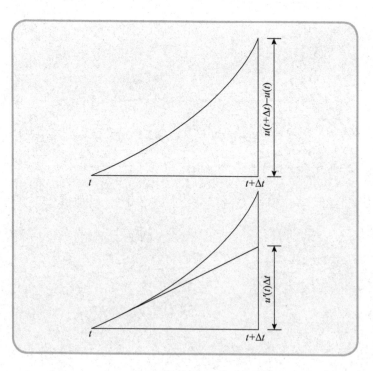

图　2.3

图 2.3 中上边的曲斜边直角三角形，设底长为 $\Delta t$ ，则它的高可以写成下面的增量：

$$u(t+\Delta t)-u(t) \text{。}$$

又，图 2.3 中下边的直角三角形与曲斜边相切，称为微分三角形，它的高应写成

$$u'(t)\Delta t \text{ ,}$$

即微分。它们之间有一个误差，记为 $\varepsilon(t)\Delta t$ （图 2.4），则有

$$u(t+\Delta t)-u(t)-u'(t)\Delta t = \varepsilon(t)\Delta t \text{。} \quad （2.4）$$

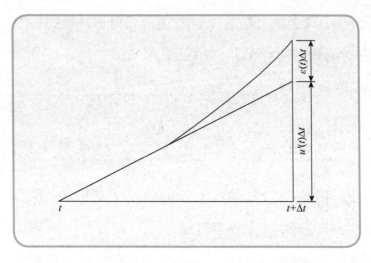

图　2.4

其中 $\varepsilon(t)$ 正好是差商和微商的误差：

$$\frac{u(t+\Delta t)-u(t)}{\Delta t}-u'(t)=\varepsilon(t)。$$

按微商的定义（采用拉克斯等人的书 [2] 中"一致微商"的定义），$\varepsilon(t)$ 可取任意小，只要 $\Delta t$ 取得足够小：

$$|\varepsilon(t)| < 10^{-k} \quad (\text{当 } \Delta t < 10^{-m})_{\circ} \qquad (2.5)$$

所以，乘积 $\varepsilon(t)\Delta t$ 有双重（或高阶）的小误差，它是如此之小，以至于加起来之后仍然很小：

$$\left|\sum \varepsilon(t)\Delta t\right| \leqslant \sum |\varepsilon(t)| \Delta t < 10^{-k}(x-a)_{\circ} \quad (2.6)$$

其中用到了底长 $\sum \Delta t = x-a$ 。所以代数演算使图像观察精确化和数量化，小误差（高阶）的积累不会导致大误差出现。现在我们可以放心了！

各段局部误差 [ 见公式（2.4）] 的总和便是总误差：

$$u(x) - u(a) - \sum u'(t)\Delta t = \sum \varepsilon(t)\Delta t_{\circ} \quad (2.7)$$

但是，当曲斜边的一段或底长 $\Delta t$ 趋近于 0[ 见公

式（2.5）]，则公式（2.7）的右边也趋近于 0[ 见公式（2.6）]。所以，极限情形便有

$$u(x) - u(a) = \int_a^x u'(t)\mathrm{d}t \,。$$

这就是牛顿 – 莱布尼茨公式。

很明显，局部性质 $u'(t) \equiv 0$ 会推出全局性质 $u(t) \equiv c$ ，即图形为平的。类似地， $u'(t) \equiv c$ 推出图形为直的。

初等微分方程的介绍到此结束。虽然我们只讲了一个最简单的微分方程，其他的微分方程（包括它的等价类，例如"恰当方程"，见布朗的书[1]）也有同样的精神：利用非直接的手段达到目的。

## 2.3 面积测量

公式（2.1）的右端，无穷小增量（或微分 $u'(t)\mathrm{d}t$）的积分，可以解读为斜率曲线 $u'$ 所围面积（所以求高 $u$ 只需用到斜率 $u'$）。若反过来看，求高 $u$ 的公式（2.1）也可以解读为斜率曲线所围的面积公式。细讲如下。

已知斜率，可以绘出斜率曲线 $u'$，则曲线所围面积可以用微元法来计算。从其中取出一窄条，在这一窄条上，曲面积差不多和矩形面积 $u'(t)\Delta t$ 相同。后者恰好等于原曲线 $u$ 在一短段上的切线高，或微分。所以，将斜率曲线图各窄条上的矩形面积加起来，便得原曲线的总高（图2.5）：

$$\int_a^x u'(t)\,\mathrm{d}t = u(x) - u(a) \text{。}$$

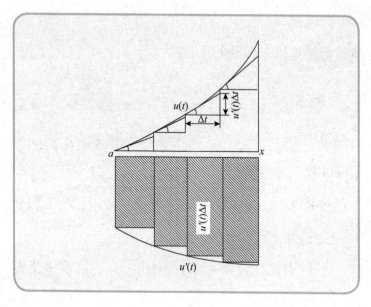

图　2.5

所以，原曲线的总高便是斜率曲线所围的面积。或者说，牛顿－莱布尼茨公式也可以用来测量面积，

斜率曲线面积 = 原曲线的高，

而无须求出无数个无穷小矩形面积之和。

类似于微分中值公式（2.3），也有积分中值

公式：

$$\int_a^x f(t)\,\mathrm{d}t = f(\xi)(x-a)\,,\quad a \leqslant \xi \leqslant x\,。$$

斜率曲线和高度曲线合二图为一图，称为微积分的万能图。

这里只用到单个矩形。这很聪明，但靠不住。

## 2.4 微积分小结

一般教科书将求面积作为积分学的出发点或原动力，但我们宁愿将求高作为积分学的出发点，使得微分和积分两个不同概念同时出现在一张图中（图 2.1），特别可将微分方程比作曲斜边三角学，从而使得它的复杂性可跟初等三角学相比（图 0.8）。我们还将求面积以及 2.7 节求弧长，还有 1.5 节欧拉算法，以及求高统一在这一张图里（图 2.5）。结果，这一张图包含了微积分的全部内容，可称为微积分的万能图。简言之，如果要做小结（或华罗庚所说的"由厚到薄"），那就是这张图了。

## 2.5　积分回到微分

上节已经看到，斜率曲线所围的面积回到了原曲线的高。更一般地用函数的语言，即函数 $f$ 的积分等于它的原函数 $u$ 的高：

$$\int_a^x f(t)\,\mathrm{d}t = u(x) - u(a)\,, \quad u' = f\,.$$

因而遇到函数求积分时，无须做无数个算术，只需要找出原函数 $u$。

找一个函数（例如 $f(t) = t^n$ 或 $\mathrm{e}^{\lambda t}$）的积分，不

过是做一个逆运算，即找出它的原函数（例如 $u(t) = \dfrac{t^{n+1}}{n+1}$ 或 $\dfrac{e^{\lambda t}}{\lambda}$）。在教科书中有大量的例子，说明这种原函数是找得到的。

但是，一般的函数 $f$（即使一个椭圆，参看参考文献 [6]），无法构造出初等的原函数 $u$，所以，聪明的原函数方法不是处处可用的，一般不得不用笨方法，即去做无数个算术。

## 2.6　分部积分

牛顿 – 莱布尼茨公式

$$\int_a^x (uv)'\,\mathrm{d}t = uv\Big|_a^x = u(x)v(x) - u(a)v(a)$$

和微商乘法公式

$$(uv)' = u'v + uv'$$

结合起来，得出分部积分公式

$$\int_a^x u'v\mathrm{d}t = uv\Big|_a^x = \int_a^x uv'\mathrm{d}t \ ,$$

它已成为近代微分方程及其算法的出发点。

## 2.7　弧长测量

除了高度和面积测量，图 2.5 还包含了弧长的测量，所以图 2.5 是微积分的"万能图"。

从图 1.9 或图 2.6 中可以看出，在一短的曲线段上，弧长跟切线长差不多相同，后者可用勾股定理，即利用切线的高和底来计算：

$$\sqrt{\Delta t^2 + (u'(t)\Delta t)^2} = \sqrt{1 + u'(t)^2}\,\Delta t = \sqrt{1 + \tan^2\theta}\,\Delta t$$
$$= \sec\theta \cdot \Delta t。$$

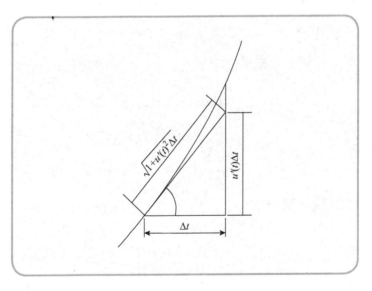

图 2.6。

归根结底，这种方法也利用了斜率。然后，各短段切线长的总和便是总弧长：

$$s = \int_a^b \sqrt{1 + u'(t)^2}\, \mathrm{d}t \, 。 \qquad （2.8）$$

这是曲斜边的勾股定理，因为它的组成单位只是初等勾股定理。

举例：求证单位圆 $u(t) = \sqrt{1 - t^2}$ 的半周长。

$$\pi = \int_{-1}^{1} \frac{\mathrm{d}t}{\sqrt{1 - t^2}} = \int_{-1}^{1} \frac{\mathrm{d}}{\mathrm{d}t} \arcsin t \, \mathrm{d}t \, 。$$

这里用到了公式（2.8）中的被积函数

$$\sqrt{1 + u'(t)^2} = \frac{1}{\sqrt{1 - t^2}}$$

我们也有欧拉折线算法的相似物，但现在不是求高 $u_{n+1}$，而是求长：

$$l_1 = \sqrt{1 + f(t_0)^2}\, \Delta t \ ,$$

$$l_{n+1} = l_n + \sqrt{1 + f(t_n)^2}\, \Delta t = \sum_{0 \leqslant i < n+1} \sqrt{1 + f(t_i)^2}\, \Delta t \ 。$$

求高、求长及其欧拉算法，在一短的曲线段上都是切线的高或长，可由斜率测量。有一句格言：同多于异。

注：弧长公式（2.8）也可解读为余割图 $\sqrt{1 + u'(t)^2}$ 的面积公式（图 2.7）。

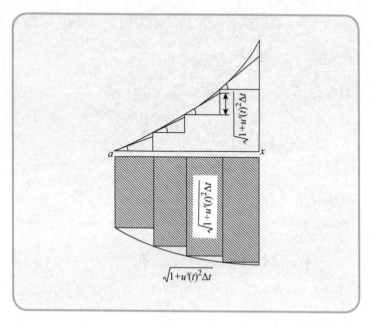

图 2.7

## 2.8 更一般的微分方程

最简单的微分方程, 即求山高 $u(x)$ ( 图 2.8 ) 只需
利用斜率或微商

$$u'(t) = f(t) 。$$

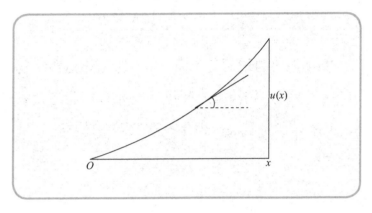

图　2.8

其中 $u(0)=0$ 为山脚。牛顿 – 莱布尼茨公式解出了山高

$$u(x) = \int_0^x u'(t)\,\mathrm{d}t = \int_0^x f(t)\,\mathrm{d}t 。$$

欧拉算法公式（2.2）就是牛顿 – 莱布尼茨公式在有限情形下的相似物，但它可以推广到更一般的微

分方程，例如

$$u'(t) = f(t, u(t)), \quad u(a) = u_0 \, 。$$

它不能化为最简单的微分方程形式，这时不能用牛顿 – 莱布尼茨公式解出，因为右端还包含有 $u$，即跟 $u$ 本身有关。但是，欧拉算法照样可以进行下去：

$$u_{n+1} = u_n + f(t_{n+1}, u_n)\Delta t_n \, , \quad u_0 = u(a) \, 。$$

可见，欧拉算法比起牛顿 – 莱布尼茨公式，是更一般的求解工具，但是只是近似的解答。所以，欧拉算法是牛顿 – 莱布尼茨公式的重要补充，在牛顿 – 莱布尼茨公式用不上时，就要用上欧拉算法了，它可以借助计算机来达到令人满意的精度。

## 2.9　人文精神

前面已经看出，大变化是小变化的积分。这大概就是托尔斯泰在《战争与和平》[4]中提出的历史观，特将北京大学刘嘉莹教授的观点引用如下。不过，没有耐心的读者可以跳读它的最后一段小结。

人类的聪明才智不理解运动的绝对连续性。人类只有在他从某种运动中任意抽出若干单位来进行考察时，才逐渐理解。但是，正由于把连续的运动任意分成不连续的单位，从而产生了人类大部分的错误。

古代有一个著名的"诡辩"，说的是阿基里斯永远追不上乌龟。虽然阿基里斯比乌龟走得快十倍，但阿基里斯走完他和乌龟之间的距离时，乌龟在他前面就爬了那个距离的十分之一。阿基里斯再走完这十分之一的距离时，乌龟又爬了那个距离的百分之一。如此类推，永无止境。这个问题在古代人看来是无法解决的。阿基里斯追不上乌龟这一答案之所以荒谬，就是因为把运动任意分成若干不连续的单位，而实际上阿基里斯和乌龟的运动却是连续不断的。

把运动分成愈来愈小的单位，这样处理，我们只能接近问题的答案，却永远得不到最后的答案。只有采取无穷小数和由无穷小数产生的十分之一以下的级数，再求出这一几何级数的总和，我们才能得到问题的答案。数学的一个新的分支，已经有了处理无限小数的技术，其他一些更复杂的、过去似乎无法解决的运动问题，现在都可以解决了。

这种古代人所不知道的新的数学分支，用无限小数来处理运动的问题，也就是恢复了运动的重要条件，从而纠正了人类的智力由于只考察运动的个别单位而忽略运动的连续性所不能不犯下的和无法避免的错误。

在探讨历史的运动规律时，情况完全一样。

由无数人类的肆意行为组成的人类运动，是连续不断的。

　　了解这一运动的规律，是史学的目的。但是，为了了解不断运动着的人们肆意行动的总和的规律，人类的智力把连续的运动任意分成若干单位。史学的第一个方法，就是任意拈来几个连续的事件，孤立地考察其中某一事件，其实，任何一个事件都没有也不可能有开头，因为一个事件永远是另一个事件的延续。第二种方法是把一个人、国王或统帅的行动作为人们肆意行动的总和加以考察，其实，人们肆意行动的总和永远不能用一个历史人物的活动来表达。

　　历史科学在其运动中经常采取愈来愈小的单位来考察，用这种方法力求接近真理。不过，不管历史科学采取多么小的单位，我们觉得，假设彼此孤立的单位存在，假设某一现象存在着开头，假设个别历史人物的活动可以代表所有人们的肆意行为，这些假设本身就是错误的。

　　任何一个历史结论，批评家不费吹灰之力，就可以使其土崩瓦解，丝毫影响都不会留下，这只要批评家选择一个大的或者小的孤立的单位作为观察的对象，就可以办到了；批评家永远有权利这样做，因为任何历史单位都是可以任意分割的。

只有采取无限小的观察单位——历史的微分，也就是人的共同倾向，并且运用积分的方法（就是得出这些无限小的总和），我们才有希望了解历史的规律。

这大概也是管理学的精神：将不可测的大系统分解为可测的小系统，后者的小误差不会积累成大误差。

但这些只能看作比喻，多少有些牵强附会。

## 2.10　现实社会

以上只讲了微分方程的几何背景，或者说将几何写成微分方程，现实科技中更大一块是将物理定律写成微分方程①。生物学、经济学等也是如此，见布朗[1]、拉克斯等[2]、文丽[3]、斯特朗[6]、朱学贤、郑建华[12]等学者的文献。这里只讲一个例子（见参考文献[11]），预测人口增量，只要一个大学生解一个微分方程：根据 1990 年我国人口总数为 11.6 亿以及过去 8 年人口平均增长率是 1.48%，今后保持这个增长率，则 2000 年时我国人口数的预测值是 13.45 亿，这个计算只花几分钟。跟实际查出的数字 12.65 亿相差不大。也就是说，数学可以作为验证现实的一种又快又省的方法。说微分方程关系到国计民生的大事，并非天方夜谭。这就是为什么很多行业的专家说"必须要解微分方程"。

与人口预测相似的有气象预报。在此引用吴文俊[7]的描述："所谓气象预报，无非是根据过去一段时期，对各地压力、温度、降雨量等的实测数据，以及表达气象变化规律的这些函数间的微分方程，用数学方法推算出今后一段时期内的这些函数数值，以预

---

① 英国数学家阿蒂亚[8]认为，自 17 世纪以来，微分方程一直是数学在物理世界中唯一最深刻的应用。

报气象特征而已。"

## 2.11　多元函数的积分公式

一元微积分，就像一部"爬山学"，从描述到证明完全看得见。多元微积分的主要困难在于缺乏直观。我们只能尽可能保持一元情形的直观。

在一元情形中，我们已经介绍了求高和求弧长的积分公式。在那里，我们利用切线斜率 $u'(t)$ ，而不是割线斜率，来求高 $u(t)$ ，以及弧长。现在看看这个切线方法可否应用到多元微积分上，即如何也用切线斜率来求二元情形的高 $u(x,y)$ ，以及曲面面积。

## 1. 求高公式

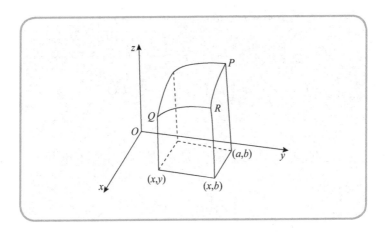

图 2.9

如果曲面表达成函数 $u(x, y)$（定义在区域 $[a, x] \times [b, y]$ 上），那么曲面（图2.9）在 $P$, $Q$ 点的高度差可表达成

$$u(Q) - u(P) = u(R) - u(P) + u(Q) - u(R) ,$$

即横向和竖向高度差的和。这时，我们只需要分别使用（2.1）式，即可得到

$$u(Q) - u(P) = \int_a^x u_x(x, b) \, dx + \int_a^y u_y(x, y) dy \, 。$$

这便是与一元函数相类似的"二元变上限积分"公式。

### 2. 求面积公式

我们再次采用微元法，把曲面分片，在一片上，曲面被换成切平面，即 $S_{ABCD} \approx S_{AMPN}$（图 2.10），而不是割平面。上面的几何图形过于复杂，为了看清楚它的本来面目，我们将横向和竖向的小曲面及小切平面的图形放大，并加上相应坐标。

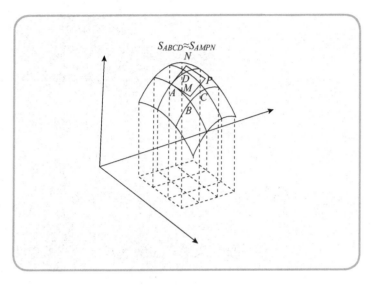

图 2.10

　　现在我们再做一个简化，即 $AMPN$ 为一个平行四边形。接下来就是在三维空间中计算 $AMPN$ 的面积了。利用中学的求面积公式，可以计算出

$$S_{AMPN} = \sqrt{1 + u_x^2 + u_y^2} \cdot \Delta x \Delta y \text{。}$$

它们的总和便是

$$S = \iint_D \sqrt{1 + u_x^2 + u_y^2}\, \mathrm{d}x\mathrm{d}y \text{ 。}$$

## 2.12 结束语

到此，我们只触及最简单的微分方程，并未触及更一般的微分方程。但是它也不是孤立的，事实上有一类方程（例如所谓"恰当方程"，也包括应用数学中最重要的一类方程），可以化为最简单的微分方程的形式。因此，它们也可以归结到牛顿 – 莱布尼茨公式。但在 2.7 节提到的更一般的方程，就不可能化为最简单的形式，只能近似求解。更严重的是，在多元微分方程中，即使是特殊的类型，也要用到复杂的求解公式，缺少几何直观，绝大部分无法求解，也必须发展近似解法。所以，本书仅仅是微分方程的"沧海一粟"。要知道微分方程理论的概貌，请阅读谷超

豪的综述 [5]；要知道微分方程应用的概貌及前景，请阅读鄂维南的演讲 [14]；若要知道微分方程的近似解法，请参看附录 B。

亲爱的读者，科学就是这样的无止境，旧的刚明白，新的接踵而至，学海无边，有志者只能勇往直前。试试看我们在"自序"中所讲的认识方法，看看这些新东西过去是否也有过？

## 致　谢

本书封面后一页已将原版中的西装照片删除，这是根据高级工程师王蘅提供的朴素思想，特此感谢。

附录 A
函数和向量

函数空间对于初学者过于抽象，如何认识它呢？其实，在平面几何中，例如两点之间距离以直线为最短，还有三角形的余弦定理中，就已经见过它。所以，有可能用平面几何来认识函数空间。

中学已开始学习空间向量。那里，一个向量由三个分量表示：

$$u = (u_1, u_2, u_3) \text{。}$$

向量带有长度可表示为：

$$\|u\| = \sqrt{\sum_{i=1}^{3} u_i^2} \text{。}$$

两条向量，即 $u$ 和

$$v = (v_1, v_2, v_3)$$

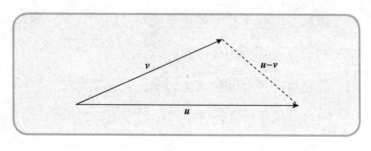

图　A.1

形成了一个三角形（图 A.1），其中第三条向量

$$u-v=(u_1-v_1,u_2-v_2,u_3-v_3)$$

的长度小于其他两条向量长度之和（两点之间距离以直线为最短）：

$$\|u-v\| \leqslant \|u\| + \|v\|。$$

将其写成代数形式有：

$$\sqrt{\sum_{i=1}^{3}(u_i-v_i)^2} \leqslant \sqrt{\sum_{i=1}^{3}u_i^2} + \sqrt{\sum_{i=1}^{3}v_i^2} \text{ 。}$$

代数语言启发我们发明多分量的向量，以及它们之间的关系。例如当

$$\boldsymbol{u}=(u_1,u_2,\cdots,u_n) \text{ , } \quad \boldsymbol{v}=(v_1,v_2,\cdots,v_n)$$

作为两条多分量的向量，也应该有长度

$$\|\boldsymbol{u}\|=\sqrt{\sum_{i=1}^{n}u_i^2} \text{ , } \quad \|\boldsymbol{v}\|=\sqrt{\sum_{i=1}^{n}v_i^2} \text{ 。}$$

现在可以发明下述不等式：

$$\sqrt{\sum_{i=1}^{3}(u_i-v_i)^2} \leqslant \sqrt{\sum_{i=1}^{3}u_i^2} + \sqrt{\sum_{i=1}^{3}v_i^2} \text{ 。}$$

当然这需要精确的证明。正所谓大胆发明，小心证明。

转折点在于将函数也视为向量。先看一条 $n$ 段的折线（图 A.2），它可由 $n$ 个分量表示：

$$\boldsymbol{u} = (u_1, u_2, \cdots, u_n)。$$

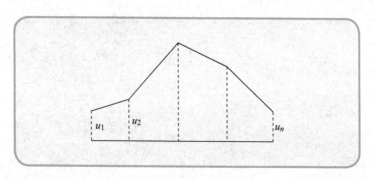

图　A.2

让分量越来越多，极限状态应视为一个函数，它具有无数分量

$$u = (u(t),\ 0 \leqslant t \leqslant 1)\ ,$$

即函数也可以视为一条向量，只是它有无数的分量

$u(t)$（图 A.3），$t$ 从 0 跑到 1。

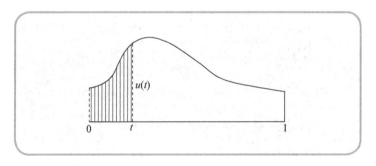

图　A.3

一旦函数被视为向量，其长度应为

$$\|u\| = \sqrt{\int_n^1 u(t)^2 \, \mathrm{d}t}\ 。$$

第三条向量

$$u - v = (u(t) - v(t)) , \quad 0 \leqslant t \leqslant 1$$

的长度应小于前两条的长度之和，即

$$\sqrt{\int_0^1 (u(t) - v(t))^2 \, \mathrm{d}t} \leqslant \sqrt{\int_0^1 u(t)^2 \, \mathrm{d}t} \sqrt{\int_0^1 v(t)^2 \, \mathrm{d}t} \; 。$$

这只是发明，需要精确的证明。正所谓大胆发明，小心证明。

两条向量 $u$ 和 $v$ 有夹角 $\theta$（图 A.4）。根据余弦定理得

$$\|u - v\|^2 = \|u\|^2 + \|v\|^2 - 2\|u\|\|v\|\cos\theta \; 。$$

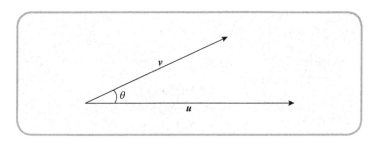

图 A.4

于是夹角余弦为

$$\cos\theta = \frac{\|u\|^2 + \|v\|^2 - \|u - v\|^2}{2\|u\|\|v\|}\text{。}$$

将其写成代数形式，有

$$\cos\theta = \frac{\sum u_i v_i}{\sqrt{\sum u_i^2}\sqrt{\sum v_i^2}}$$

或

$$\cos\theta = \frac{\int_0^1 u(t)v(t)\mathrm{d}t}{\sqrt{\int_0^1 u(t)^2\mathrm{d}t}\sqrt{\int_0^1 v(t)^2\mathrm{d}t}} \; 。$$

如果我们仍然接受

$$|\cos\theta| \leqslant 1 \, ,$$

那么在多分量甚至无数分量的空间之中，我们就必须接受施瓦兹不等式

$$\left|\sum u_i v_i\right| \leqslant \sqrt{\sum u_i^2}\sqrt{\sum v_i^2}$$

或

$$\left|\int_0^1 u(t)v(t)\,\mathrm{d}t\right| \leqslant \sqrt{\int_0^1 u(t)^2\,\mathrm{d}t}\sqrt{\int_0^1 v(t)^2\,\mathrm{d}t}\ 。$$

虽然我们需要精确的证明，但重要的是先发明后证明。

为了证明施瓦兹不等式，让我们引进一个简便的符号

$$(\boldsymbol{u},\boldsymbol{v}) = \sum u_i v_i = \int_0^1 \boldsymbol{u}(t)\boldsymbol{v}(t)\mathrm{d}t\ 。$$

这被称为一个（实的）内积，因为它类似于实数的乘积：

$$(u,u) \geqslant 0 \ , \quad (u,u)=0 \Leftrightarrow u=0 \ ,$$

$$(u,v)=(v,u) \ ,$$

$$(u+w,v)=(u,v)+(w,v) \ ,$$

$$(\alpha u,v)=\alpha(u,v) \ , \quad \forall \alpha \text{ 为任意实数。}$$

这些性质保证了施瓦兹不等式的成立。定义一个由内积导出的范数 $\|\cdot\|$：

$$(u,u)=\|u\|^2 \ 。$$

然后，对于单位向量 $u$ 和 $v$：

$$\|u\|=|v|=1 \ 。$$

根据内积的性质，我们有

$$\|u \pm v\|^2 = \|u\|^2 \pm 2(u,v) + \|v\|^2 = 2[1+(u,v)] \geqslant 0 \ ,$$

所以

$$|(u,v)| \leqslant 1 \ 。$$

对于更一般的向量 $u$ 和 $v$，根据内积的最后一个性质，我们有

$$\left| \left( \frac{u}{\|u\|}, \frac{v}{\|v\|} \right) \right| \leqslant 1$$

或者

$$|(u,v)| \leqslant \|u\|\|v\| \text{。}$$

这就证明了施瓦兹不等式。因此，代数的语言使大学的分析变成了这么简单的几行证明！

附录 B
微分方程求解
和圆周率算法

微分方程有的算法很奇怪,如何认识它们呢?其实,在圆周率的计算中,就已经见过它们。所以,有可能用圆周率的算法来认识微分方程的求解。

现在来看圆周率 $\pi$ 的计算:将单位圆的半周长 $\pi$ 用内接正 $n$ 边形的半周长 $\pi_n$ 来逼近(图 B.1)。

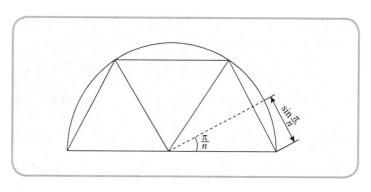

图 B.1

计算结果如下：

| $n$ | $\pi_n$ |
|-----|---------|
| 6 | 3.0 |
| 12 | 3.105828541 |
| 24 | 3.132628613 |
| 48 | 3.139350202 |
| 96 | 3.141031951 |
| 192 | 3.141452472 |

算到 6 边形，近似值为 3，即古书说的"周三径一"；算到 192 边形，近似值为 3.141，有三位小数的精确度。据说，刘徽就算到 192 边形。当然可以继续算下去，但进展很慢。可是，祖冲之（429 年—500 年）算到 $\pi \approx 3.1415926$，精确到小数点后七位，令人难以置信。他是不是另有什么更快的算法呢？现在知道，在 $\pi_n$ 的基础上可以产生更快的算法。将相邻的两个结果做外推，

$$E(\pi_{2n}) = \frac{1}{3}(4\pi_{2n} - \pi_n) ,$$

$$\frac{4}{3}b - \frac{1}{3}a = b + \frac{1}{3}(b-a)\begin{cases} > b \text{若} b > a \\ < b \text{若} b < a \end{cases}。$$

现在回答外推为什么有效。$\pi_n$ 有一个表达式：

$$\pi_n = n\sin\frac{\pi}{n}。$$

表达式的右边可以由泰勒公式来展开，即有：

$$\pi_n = \pi - \frac{\pi^3}{3!}\left(\frac{1}{n}\right)^2 + \frac{\pi^5}{5!}\left(\frac{1}{n}\right)^4 - \frac{\pi^7}{7!}\left(\frac{1}{n}\right)^6 + \cdots。$$

这表明，$\pi_n$ 的逼近阶为 $\left(\frac{1}{n}\right)^2$，带有系数 $\frac{\pi^3}{6}$，且知 $\pi_n$ 是 $\pi$ 的下界。将边数加倍后，有

$$\pi_{2n} = \pi - \frac{\pi^3}{3!}\left(\frac{1}{2n}\right)^2 + \frac{\pi^5}{5!}\left(\frac{1}{2n}\right)^4 - \frac{\pi^7}{7!}\left(\frac{1}{2n}\right)^6 + \cdots。$$

那么，将后式乘以 4 再减去前式，可以消去主项 $\left(\dfrac{1}{n}\right)^2$，剩下的项从 $\left(\dfrac{1}{n}\right)^4$ 开始：

$$E(\pi_{2n}) = \pi - \frac{1}{4}\frac{\pi^5}{5!}\left(\frac{1}{n}\right)^4 + \frac{5}{16}\frac{\pi^7}{7!}\left(\frac{1}{n}\right)^6 + \cdots 。$$

高了两阶，当然快多了。此外，外推后仍是下界。

由于外推算法仍然立足于简单的逼近法（并没有将方法复杂化），而且只用很少的多边形，并具有高精度，所谓事半功倍，是一种高效率的算法。

令人惊奇的是，这种高效率的算法也可以推广到微分方程上。我们也是先做一次"n 边形"的算法，然后再做一次"2n 边形"的算法，将两者外推后，便得出一个更快的算法。所以有可能将中学的方法发展到大学中。

[1] 布朗 . 微分方程及其应用 [M]. Springer，1978.

[2] 拉克斯等 . 微积分及其应用与计算 [M]. 北京：人民教育出版社，1980.

[3] 文丽 . 一元函数积分学 [M]. 上海：上海科技出版社，1981.

[4] 托尔斯泰 . 战争与和平 [M]. 刘辽逸，译 . 北京：人民文学出版社，1987.

[5] 谷超豪 . 偏微分方程概貌 [M]. 上海：上海科技文献出版社，1989.

[6] 斯特朗 . 微积分 [M].Wellesley–Cambridge Press，Wellesley MA，1991.

[7] 吴文俊 . 吴文俊论数学机械化 [M]. 济南：山东教育出版社，1995.

[8] 阿蒂亚 . 数学的统一性 [M]. 南京：江苏教育出版社，1995.

[9] 林群. 数学也能看图识字 [N]. 光明日报. 1997.6.27.

[10] 林群. 画中漫游微积分 [M]. 南宁：广西师范大学出版社，1999.

[11] 周光召. 21 世纪 100 个科学难题 [M]. 长春：吉林大学出版社，1998.

[12] 朱学贤，郑建华. 一元微积分 [M]. 北京：高等教育出版社，2000.

[13] 萧荫堂. 大学理科通识教育是否仍合时宜. 香港公共图书馆主办讲座，2002.

[14] 鄂维南. 微分方程展望. 对中西部地区中小学教师数学讲座，2004.

[15] 格罗斯. 物理学的将来前沿科学论坛，中国，2005.

[16] 华罗庚. 高等数学引论（第一卷　第一分册）[M]. 北京：科学出版社，1963.

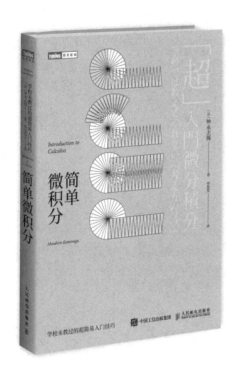

**简单微积分：学校未教过的超简易入门技巧**

**[日] 神永正博，李慧慧 译**

本书为微积分入门科普读物，书中以微积分的"思考方法"为核心，以生活例子通俗讲解了微积分的基本原理、公式推导以及实际应用意义，解答了微积分初学者遭遇的常见困惑。本书讲解循序渐进、生动亲切，没有烦琐计算、干涩理论，是一本只需"轻松阅读"便可以理解微积分原理的入门书。